N° 41.

DIRECTEUR

GUSTAVE PHILIPPON

Docteur ès sciences

LES CYCLONES

PAR

L. BESSON

BIBLIOTHÈQUE SCIENTIFIQUE
DES ÉCOLES ET DES FAMILLES
Prix de chaque volume

Quinze centimes	Vingt' centimes
chez tous les libraires, marchands de journaux, dans les gares, et chez HENRI GAUTIER, éditeur, 55, quai des Grands-Augustins, à Paris.	franco par la poste, en écrivant à M. HENRI GAUTIER, éditeur, 55, quai des Grands-Augustins, à Paris. *25 volumes : 4 fr. franco.*

VOLUMES RÉCEMMENT PARUS

26. **Les Travaux d'Edison**, par E. Dumont, professeur à l'École des Hautes-Études commerciales.
27. **Les Voitures sans chevaux**, par E. Dumont, professeur à l'École des Hautes-Études commerciales.

VOLUMES VENANT DE PARAITRE

28. **Iles et Récifs madréporiques**, par Edmond Perrier, de l'Institut.
29. **La Chimie de la Table**, par X. Rocques, expert-chimiste, ancien chimiste principal du Laboratoire municipal.
30. **L'Or**, par H. Mercereau, ancien professeur de l'Université.
31. **La Poste aérienne à travers les âges**, par Ch. Sibillot, de l'Association française pour l'avancement des sciences.
32. **Les Étoiles**, par Charles Martin, professeur de l'Université.
33. **Le Surmenage moderne et la Neurasthénie**, par le Dr Azygos, ex-interne des hôpitaux.
34. **Le Fer**, par R. Jagnaux, ingénieur des arts et manufactures, professeur à la Légion d'honneur.
35. **L'Allaitement**, par le Dr Porak, de l'Académie de Médecine.
36. **Les Eaux de Table**, par le Dr J. Laumonier.
37. **Les Engrais chimiques**, par E. Roux, assistant de la chaire de physique végétale au Muséum.
38. **Les Vers parasites de l'homme**, par J. Chatin, de l'Académie de Médecine.
39. **Le Vin**, par A. Hébert, préparateur de chimie à la Faculté de Médecine.
40. **Le Pigeon messager et ses applications**, par Ch. Sibillot, de l'Association française pour l'avancement des sciences.
41. **Les Cyclones**, par L. Besson.
42. **L'Hygiène de la Table**, par X. Rocques, expert-chimiste, ancien chimiste principal du Laboratoire municipal.
43. **Cyclisme et Cyclistes**, par H. de Graffigny.
44. **Le Ciel**, par Charles Martin, professeur de l'Université.
45. **Les Eléments de la Céramique et de la Verrerie**, par Ch. Quillard, préparateur à la Faculté de médecine.
46. **Les Tremblements de Terre**, par Victor Meunier.
47. **Les Pierres précieuses**, par Paul Gaubert, docteur ès sciences, secrétaire de la Société de minéralogie.
48. **L'Hygiène de l'Habitation**, par le Dr Laumonier.
49. **La Navigation à voiles et à vapeur**, par Michel-Jules Verne.
50. **Perles et Pêcheries**, par H. Mercereau, ancien professeur de l'Université.

PRIME GRATUITE
aux acheteurs des 25 volumes ci-dessus.

Toute personne qui demandera en une seule fois, pour quatre francs franco, les 25 volumes ci-dessus, les recevra renfermés dans

UNE GAINE ÉLÉGANTE ET SOLIDE

qui permettra de les conserver en parfait état et de les faire figurer sur les rayons d'une bibliothèque. La même prime sera accordée aux personnes qui, possédant déjà les nos 26 et 27, achèteront pour 3 fr. 70 les 23 volumes suivants (Nos 28 à 50).

Adresser les demandes, accompagnées d'un mandat sur la poste, à M. Henri GAUTIER, éditeur, 55, quai des Grands-Augustins, PARIS.

(Voir à la dernière page de la couverture la liste des 25 premiers volumes parus.)

LES CYCLONES

PAR

L. BESSON

I

TROMBES ET TEMPÊTES

Les perturbations de l'atmosphère qui sont marquées par un vent violent, les *tempêtes*, en un mot, peuvent se ranger en deux catégories.

Dans la première se placent les vents propres à certaines régions, tels que le *simoun*, le *kamsin*, le *mistral*, le *bora*. Ces vents soufflent toujours sensiblement du même point de l'horizon et ils se propagent d'un lieu à l'autre à peu près en ligne droite. Ils se rattachent directement au système normal de circulation de notre atmosphère, et leur violence habituelle n'est qu'une conséquence de la configuration particulière des pays où ils se font sentir.

Tout autres sont les tempêtes marines et les bourrasques des contrées continentales. Ce sont des phénomènes essentiellement tourbillonnaires, analogues, au moins dans leurs caractères généraux, aux tourbillons de poussière des routes et aux tourbillons des cours d'eau. Cette assimilation n'est pas nouvelle. Le mot tourbillon a été appliqué dès l'antiquité aux tempêtes, mais ce n'est qu'au commencement de ce siècle que les lois du mouvement de l'air dans ces météores ont été étudiées et précisées.

Les navigateurs ont donné des noms divers aux tempêtes, suivant les régions de l'Océan où ils les ont rencontrées.

Dans la mer des Antilles, elles se nomment proprement

ouragans ou *hurricans*, mot qui vient de la langue caraïbe.

Le long des côtes occidentales de l'Afrique, elles portent spécialement le nom de *tornados*, qui leur a été donné par les premiers navigateurs portugais.

Dans les Indes, l'Indo-Chine et la mer du Japon, on les appelle *typhons*.

Sur les mers et le continent européens, ce sont des *bourrasques*. Mais, en mettant à part les différences qui tiennent à la latitude et aux influences locales, ces diverses sortes de tempêtes sont de nature identique et obéissent aux mêmes lois. Aussi peut-on les réunir aujourd'hui sous le nom générique de *cyclones*, créé à l'origine par Piddington pour désigner les tempêtes de la mer des Indes, et appliquer ce nom indifféremment à tous les grands mouvements tourbillonnaires de l'atmosphère.

Mais c'est sous les tropiques qu'il convient de les étudier spécialement. Leurs caractères typiques y sont plus nets, leurs lois plus rigoureuses. La régularité habituelle du régime des vents aux basses latitudes rend aussi plus facile l'observation des phénomènes qui viennent en rompre inopinément le cours. Enfin c'est également là qu'ils atteignent d'ordinaire leur plus grande violence, donnant lieu sur la mer et sur la surface du sol à des effets mécaniques d'une puissance inconnue aux régions tempérées.

Dampier, dans ses *Voyages* (II, 26), donne une excellente description des typhons des côtes du Tonkin. En exceptant ce qui touche à la direction initiale du vent, qui varie, comme on le verra, suivant les lieux, elle peut s'appliquer à tous les cyclones tropicaux.

« Avant le commencement de la tempête, un nuage épais se forme au nord-est ; il est très noir auprès de l'horizon, d'une couleur cuivrée vers son bord supérieur, et de plus en plus clair à mesure qu'il approche du bord extérieur, qui est d'un blanc très vif. L'aspect de ce nuage est très étrange, très effrayant, et il se forme quelquefois douze heures avant que la tempête éclate. Quand il commence à marcher rapidement, le vent s'établit presque immédiatement, sa force augmente promptement, et il souffle avec une grande violence du nord-est pendant douze heures plus ou moins. Il est aussi communément accompagné de coups de tonnerre effrayants, de larges et fréquents éclairs et d'une pluie épaisse. Quand le vent commence à mollir, il tombe tout à coup, et il survient un calme plat qui dure près d'une heure, après quoi le vent s'élève du sud-ouest environ, d'où il souffle avec la même fureur et aussi longtemps que du nord-est; et il pleut aussi comme avant. »

Certains cyclones sont restés particulièrement célèbres pour les catastrophes et les ravages qu'ils ont produits, en raison, soit de leur violence exceptionnelle, soit du nombre considérable de villes ou de vaisseaux que le hasard les a fait rencontrer. Entre tous, il faut citer le terrible cyclone qui dévasta une partie des Antilles le 10 octobre 1780.

« Partant des Barbades où rien ne resta debout, ni arbres, ni demeures, il fit disparaître une flotte anglaise mouillée devant Sainte-Lucie, puis il ravagea complètement cette île, où 6,000 personnes furent écrasées sous les décombres. Ensuite le tourbillon, se portant sur la Martinique, enveloppa un convoi de transports français et coula plus de 40 navires portant 4,000 hommes de troupes... Plus au nord, la Dominique, Saint-Eustache, Saint-Vincent, Puerto-Rico furent également dévastés, et la plupart des bâtiments qui se trouvaient sur le chemin du cyclone sombrèrent avec leurs équipages... 9,000 personnes périrent à la Martinique, 1,000 à Saint-Pierre seulement, où il ne resta pas une maison debout, car la mer s'éleva à une hauteur de 7^m,50. » Dans les îles Sous le Vent, les personnes qui habitaient le palais du gouvernement ne purent être garanties de la tempête, malgré l'énorme épaisseur des murs, qui avaient 90 centimètres, et leur forme circulaire. Le vent, sans doute aidé par la mer, porta un canon de 12 à une distance de 126 mètres.

Mentionnons encore le cyclone du 27 février au 3 mars 1869 qui jeta la *Lérida* à la côte; le cyclone de l'Amazone (10 octobre 1871); l'ouragan de Zanzibar (15 avril 1872): le cyclone du Bengale, en 1876, qui fit 250,000 victimes, la plupart imputables aux inondations que produisirent les énormes masses d'eau soulevées par la tempête.

Malgré les progrès de la navigation à vapeur, qui ne laisse pas le marin à la merci des vents, et la connaissance plus parfaite des lois des cyclones, qui permet souvent aux navires à voile de se mettre à l'abri du danger, on compte encore annuellement, en moyenne, plus de 1,700 naufrages causés par les tempêtes.

On doit rattacher intimement aux cyclones les *trombes* marines et terrestres, quoiqu'il n'y ait en apparence que peu d'analogies entre ces deux sortes de phénomènes.

Une *trombe* consiste en un tube de vapeur sombre, de forme conique, légèrement sinueuse, à contours généralement très nets, qui, issu des nuages, s'allonge vers le sol. Ce tube est le siège d'un mouvement tourbillonnaire d'une violence extrême. A son approche, l'eau de la mer s'agite, tourbillonne à son tour, et semble souvent former un second tube qui s'unit au premier. Beaucoup d'observateurs ont même cru voir la trombe aspirer cette eau jusqu'aux nuages. Il y a là évidemment une illusion due sans doute aux vapeurs opaques qui se déplacent réellement dans l'intérieur du tube.

Les trombes, quand elles atteignent le sol, témoignent ordinairement d'une violence terrible, déracinant les arbres les plus gros, détruisant les maisons comme en se jouant, transportant au loin les objets les plus lourds, desséchant souvent des rivières ou des étangs, en répandant au loin l'eau qu'elles en ont chassée.

A ces effets mécaniques se joignent des actions électriques d'une grande énergie, donnant la preuve d'un écoulement considérable d'électricité. Le rôle de cet agent physique dans les trombes n'est malheureusement pas encore bien défini.

On les rencontre sous toutes les latitudes. En France, une trombe ravagea, le 19 août 1845, la région de Monville-Malaunay, mettant en ruines une importante filature.

Les météorologistes américains appellent de nos jours *tornados* des tourbillons très violents, mais d'un petit diamètre, qui paraissent intermédiaires entre les grands cyclones et les trombes, dont ils prennent d'ailleurs quelquefois la forme. Il ne s'en produit guère que dans les vallées du bas Missouri, du Mississipi et de l'Ohio moyens. On les voit descendre des nuages où ils se manifestent par un tourbillonnement caractéristique. Ils ont un mouvement de translation rapide et paraissent souvent en même temps se balancer verticalement, ravageant certains points de leur trajectoire, alors qu'ils touchent le sol, puis se relevant ensuite en devenant inoffensifs.

Voici, d'après les *Annales de l'observatoire du Harvard College*, vol. 31, le récit d'un tornado qui ravagea la ville de Lawrence, le 26 juillet 1891, à 9 heures du matin.

« Il descendit sur le sol à 1/4 de mille au sud-ouest de Lawrence, dans un verger qu'il ravagea. Puis il passa sur le terrain du Cricket-Club, dont il renversa les barrières. Les vents destructeurs se relevèrent, mais ils se reprirent à descendre de nouveau avant de croiser un bras du Merrimac-River, à l'entrée de la ville ; là, ils se bornèrent à étêter quelques arbres. Lorsque le tornado vint à croiser la rivière, les vents destructeurs descendirent jusqu'au sol.

« Arbres arrachés, maisons démolies. Une d'entre elles, en charpente, fut retournée sens dessus dessous. Après quoi le tornado s'éleva de nouveau dans les airs et passa sur une des parties les plus peuplées de la ville. On n'y remarque pas la moindre trace de son passage, même sur les plus frêles structures. Un mille plus loin, le tornado recommença à descendre. Le premier objet attaqué a été le clocher de l'église catholique, dont la toiture fut enlevée. Immédiatement après, les vents touchèrent le sol, détruisant en partie le pont du chemin de fer, tuant deux personnes et démolissant une habitation. Peu après, le tornado se relève : impossible d'en trouver la moindre trace sur tout l'espace suivant, mais les effets destructeurs redeviennent visibles lorsqu'il atteint la partie de la ville voisine de l'Union-Park. Là, il s'est montré dans toute sa force en passant sur la Springfied street, en détruisant les maisons et en tuant les habitants. Il continua ses ravages dans l'Union-Park même, où il brisa un grand nombre d'arbres et de maisons en charpente. Puis il se releva de nouveau après avoir parcouru une ligne de dévastation d'un demi-mille sur une largueur de 200 ou 300 toises ; un demi-mille plus loin, le tornado descendit sur le faubourg de North Andover et y fit les mêmes ravages. Il se releva de nouveau. A Newbury port, le passage du tornado ne fut plus indiqué que par le mouvement reconnaissable des nuées. »

Nous aurons l'occasion de revenir, plus loin, sur ces phénomènes.

II

LES LOIS DES TEMPÊTES

Première loi. — C'est dans l'ouvrage de *Capper* intitulé *Des vents et des moussons*, et publié à Londres en 1801, que fut énoncée pour la première fois, au sujet des ouragans de la mer des Indes, la loi de gyration des tempêtes.

Plus tard, de 1831 à 1848, *Redfield* montra, dans une série d'articles publiés en Amérique, que cette loi s'applique aussi aux tempêtes de l'Atlantique.

Reid la compléta et la généralisa encore dans son ouvrage : *On the Law of Storms* (des Lois des tempêtes).

On peut l'énoncer ainsi :

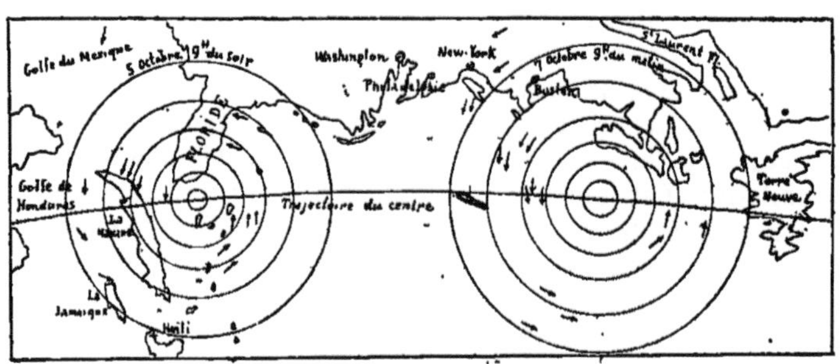

Ouragan de Cuba. 5-7 octobre 1844
Deux positions à trente-six heures d'intervalle, d'après Redfield. Les flèches donnent la direction du vent

Fig. 1.

Dans les cyclones, les molécules d'air se meuvent suivant des cercles concentriques, de droite à gauche sur l'hémisphère boréal, et de gauche à droite sur l'hémisphère austral.

Telle est la loi fondamentale, ou première loi des tempêtes, dont la découverte fournit à la navigation des règles de manœuvre précieuses pour échapper aux cyclones, et ouvrit à la science de l'atmosphère un champ tout nouveau de connaissances.

Accueillie avec faveur par les marins, elle fut bientôt l'objet de contestations de la part des météorologistes, qui en étudièrent l'application aux divers cyclones observés sur l'étendue du globe.

De l'aveu même des auteurs qui l'avaient énoncée, ce n'était qu'une loi approchée : en traçant sur une carte, aux différents points d'observation, des flèches indiquant la direction du vent, puis appliquant dessus un papier transparent où auront été tracés des cercles concentriques, on s'apercevra souvent que les flèches ne sont pas exactement tangentes aux cercles.

D'après Redfield, l'obliquité varie de 5° à 10° pour les grands cyclones ; elle ne dépasserait jamais 22°,5. Loomis, étudiant les bourrasques des climats tempérés, déduisit d'un grand nombre de mesures une inclinaison moyenne de 45°. Avec de telles déviations, la loi primitive perdait toute signification. Aussi divers météorologistes, comme M. Mohn, M. Wilson, M. Meldrum, remplacèrent-ils les diagrammes circulaires des tempêtes par des courbes en forme de spirales.

Cependant, la loi de Capper trouvait encore des partisans tels que le capitaine Bridet, qui, dans la seconde édition de son *Étude des ouragans de l'hémisphère austral*, montra qu'elle s'accordait d'une façon satisfaisante avec les résultats des observations qu'il avait recueillies.

Sur ces entrefaites, M. Faye fit insérer, dans l'Annuaire du bureau des Longitudes pour 1875, une *Défense de la loi des tempêtes*, qui eut avant tout le mérite de préciser et d'éclaircir le débat.

Si l'on se borne à considérer les cyclones des régions tropicales, et si, dans ces cyclones même, on ne tient compte que de la zone franchement tourbillonnaire, en faisant abstraction des zones plus éloignées du centre, on trouvera toujours pour les vents une circularité presque parfaite. S'il se rencontre quelque exception, on y reconnaîtra facilement l'effet d'une influence locale, et la régularité de l'ensemble du phénomène n'en sera nullement atteinte. En pleine mer, ces influences sont nulles, mais on conçoit que, sur terre, les accidents du sol puissent dévier considérablement les vents de leur direction normale.

D'autre part, si l'on passe aux cyclones des régions tempérées, et surtout si, à l'exemple de Loomis, on étend cette étude à tous les mouvements tourbillonnaires, même les plus indécis, à toutes les *dépressions*, comme on dit aujourd'hui, la loi de gyration cessera d'être exacte, et le sera d'autant moins que le mouvement considéré sera moins nettement cyclonique.

Il en est donc de cette loi comme de toutes les lois approchées de la physique : très près d'être rigoureuse dans certaines conditions déterminées, elle perd de plus en plus sa précision à mesure qu'on s'en écarte. On doit, en somme, la conserver telle que nous l'avons énoncée, quitte à étudier à part les cas où elle ne s'applique plus.

En particulier, au point de vue des navigateurs, qui n'ont à se préoccuper que des tempêtes quelque peu violentes, on voit qu'elle s'appliquera toujours à leurs besoins d'une façon satisfaisante.

Deuxième loi. — La deuxième loi des tempêtes, ou *loi de progression*, n'est pas moins importante que la première. Indépendamment de leur mouvement de gyration, *les cyclones se déplacent*, tout d'un bloc, et décrivent à la surface du globe, avec une vitesse variable, une trajectoire souvent considérable.

Dans l'hémisphère nord, ils naissent en général à quelques degrés de l'équateur, marchent d'abord lentement vers l'ouest, en inclinant de plus en plus vers le nord. suivant une sorte de parabole (fig. 2) dont le sommet est atteint, en moyenne, à a hauteur du 27e parallèle. A partir de là, ils décrivent une seconde branche vers le nord-est avec une vitesse accélérée et en se dilatant de plus en plus.

Dans l'hémisphère sud, leur marche est symétrique de la précédente par rapport à l'équateur.

Depuis quelques années, on a fait des progrès importants dans l'étude de la marche des cyclones: le P. Viñez, directeur de l'observatoire de la Havane, est arrivé à formuler des règles très précises sur la position en latitude du sommet de la courbe parabolique qu'ils décrivent dans ces régions.

La position de ce sommet varie suivant la saison :

En juin et octobre, il se trouve entre les parallèles de 20º et de 23º.

En juillet et septembre, il se trouve entre les parallèles de 27º et de 29º.

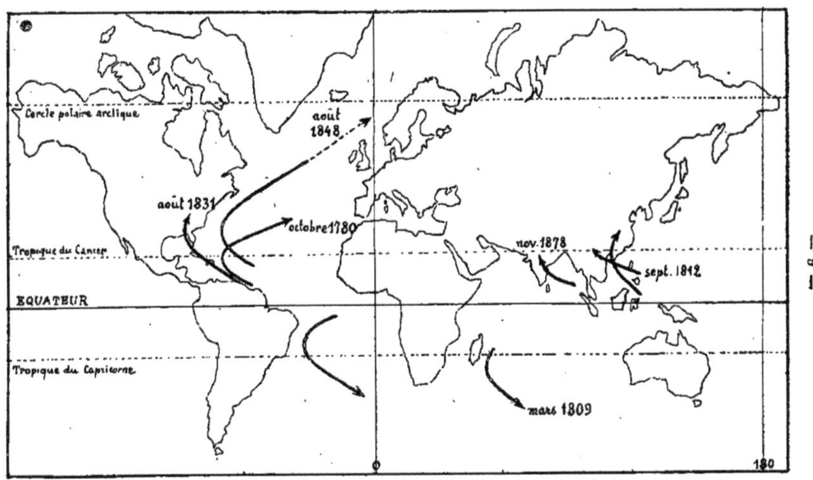

Trajectoires principales des cyclones

Fig. 2.

En août il se trouve entre les parallèles de 30° et de 32°.

Pendant les autres mois de l'année, il ne se produit presque jamais de cyclones. — Ces règles souffrent peu d'exceptions. Elles sont de la plus grande importance, puisqu'elles permettent, quand un cyclone est signalé, de savoir sur quels points il passera.

Phénomènes intérieurs des cyclones. — On vient de voir que l'air, dans un cyclone, participe à deux mouvements, l'un de rotation autour du centre, et l'autre de translation suivant une certaine trajectoire. Un observateur qui serait entraîné avec le cyclone ne s'apercevrait que du premier : il verrait les vents tourner autour du point central, suivant des courbes presque circulaires.

Mais, relativement à un observateur immobile à la surface du sol, les apparences ne seraient plus les mêmes. Chaque particule d'air paraîtra non seulement tourner, mais marcher avec le cyclone. A la vitesse de rotation se superposera la vitesse de translation générale. La vitesse apparente de l'air sera donc renforcée dans la région du cyclone où les deux mouvements ont le même sens, c'est-à-dire à droite de la trajectoire du centre (hémisphère N) ; elle sera au contraire diminuée à gauche, où les deux mouvements sont opposés.

La force du vent ne sera donc pas la même des deux côtés : il y aura, pour employer l'expression dont se servent les marins, un *bord maniable* et un *bord dangereux*. Sur celui-ci, la tempête atteindra son maximum de violence ; sur l'autre, elle sera beaucoup moins à craindre. Il pourra même arriver que le vent y soit très modéré, si la vitesse de translation du cyclone est grande. C'est ce qui aura lieu surtout dans les hautes latitudes.

On voit aussi que la direction du vent ne sera plus exactement tangente aux cercles. Elle sera d'autant plus oblique que le cyclone ira plus vite, c'est-à-dire se sera plus écarté des régions équatoriales où il a pris naissance.

Et c'est là une des raisons pour lesquelles la loi de Reid s'applique mal aux tempêtes des régions tempérées : la vitesse de translation, très faible tandis que le cyclone décrit la première branche de sa trajectoire, augmente en effet considérablement quand il parcourt la deuxième. Elle est alors fréquemment de 12 à 15 mètres par seconde, du moins en

Amérique. Elle devient ainsi comparable à la vitesse de gyration, et peut même l'annuler, dans certains cas, sur le bord maniable.

En même temps, les directions de vents sont profondément altérées, si bien que l'ensemble des flèches qui représentent une tempête parvenue à cette phase de son évolution ne rappellera souvent en rien la disposition régulière qu'offre la figure 1. Les cartes synoptiques des vents ne suffiraient même plus à déceler les cyclones, ou tout au moins à en indiquer le centre avec quelque précision. L'étude de ces météores dans les régions tempérées deviendrait dès lors très difficile, si les indications d'un nouvel instrument ne venaient compléter celles de la girouette. Cet instrument, c'est le baromètre.

La relation qui existe entre la baisse barométrique et l'arrivée des tempêtes était déjà connue depuis longtemps. Elle se précisa quand on eut découvert la nature exacte de celles-ci. On reconnut que, *dans un cyclone, le baromètre est d'autant plus bas qu'on est plus voisin du centre.* En joignant entre eux les points où la pression barométrique est la même, on obtient des courbes fermées et concentriques. Ces courbes, appelées *isobares,* coïncident à peu près, dans les cyclones tropicaux, avec les cercles qui représentent les trajectoires des vents. Leur centre commun est aussi celui de la tempête.

Ainsi, les cyclones réguliers sont dessinés sur les cartes barométriques par les mêmes lignes que sur les cartes synoptiques des vents. Il est donc naturel de se servir de ces cartes pour les étudier lorsqu'ils se sont déformés dans le cours de leur marche.

En suivant par ce procédé un cyclone dans son évolution, on voit les isobares perdre peu à peu leur forme circulaire et s'allonger dans le sens du mouvement. Il arrive même parfois qu'elles se segmentent, donnant lieu à deux centres cycloniques distincts qui continuent leur marche de concert. (fig. 3). Le phénomène de la segmentation des cyclones est un des plus curieux et des plus difficiles à expliquer dans l'histoire de ces singuliers météores.

La première loi des tempêtes nous donne la direction et le sens du vent; elle ne nous apprend rien sur le mode d'après

lequel sa force varie dans l'intérieur du cyclone. Il serait
inexact de se représenter un cyclone comme un disque tournant, un sorte de meule. S'il en était ainsi, la force du vent
serait maxima à la périphérie et irait en décroissant vers le
centre. C'est préci-
sément l'inverse de
la réalité ; le vent,
relativement faible
sur le pourtour du
cyclone, va en
croissant jusqu'à
une certaine dis-
tance du centre, où
il atteint son maxi-
mum, puis il tombe
brusquement et de-
vient presque nul
dans le voisinage
immédiat du cen-
tre : c'est le *calme
central*, que nous
avons déjà vu in-
diquer par Dampier
dans sa description
des typhons.

Le calme central
s'observe dans tous
les cyclones tropi-
caux, et parfois
même au delà du 50°
degré de latitude,
il s'altère à mesure que le tourbillon progresse vers le pôle,
sans jamais cependant disparaître tout à fait.

En même temps que s'apaisent brusquement, à l'approche du centre, les rafales de la tempête, le navigateur
voit aussi s'évanouir, comme par enchantement, les nuages
sombres, et avec eux les éclairs et la pluie qui faisaient rage.
Le ciel s'éclaircit parfois complètement, mais ce calme d's
éléments n'est que passager ; bientôt, au bout de deux heures
au plus, la tempête recommence avec la même furie. Les

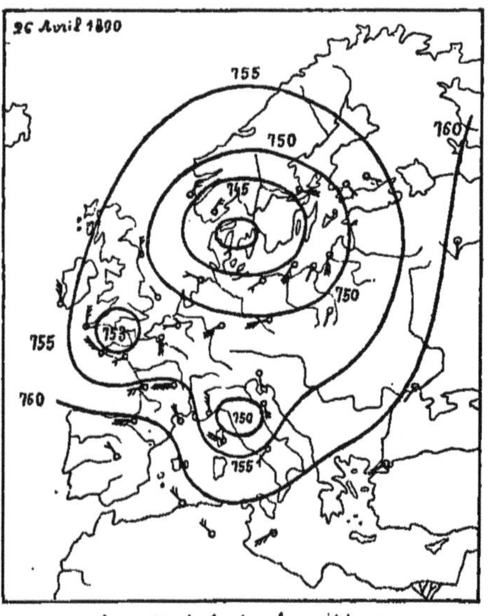

lignes d'égale hauteur barométrique
Les flèches sont orientées dans le sens du vent.
La force du vent est proportionnelle au nombre des pennes

Fig. 3.

anciens marins espagnols, frappés de voir apparaître cette clarté soudaine au milieu des nuées épaisses, l'ont appelée *l'œil de la tempête (el ojo del tempestad).*

Les grands cyclones donnent fréquemment naissance, sur leur bord dangereux, à des tourbillons satellites de faible diamètre, qu'ils entraînent dans leur mouvement. Telle est, semble-t-il, l'origine commune des tornados et des trombes. En étudiant les documents publiés par le *Signal service de Washington,* sur les cyclones des États-Unis, M. Faye a été en effet conduit aux lois suivantes :

1° Les tornados et les trombes sont de simples épiphénomènes greffés sur les cyclones;

2° Leurs trajectoires n'ont, en général, de rapport, aux États-Unis, ni avec les isobares, ni avec les flèches du vent;

3° Les trajectoires, relativement courtes, sont parallèles aux immenses trajectoires des cyclones, à l'instant où ces fléaux locaux se produisent;

4° Elles sont toutes situées sur le flanc droit du cyclone.

En Europe, les ouragans les plus violents sont généralement dus à des tourbillons satellites nés dans l'hémicycle sud d'un vaste cyclone dont le centre se trouve à passer au nord des îles Britanniques. Tel fut celui du 20 février 1879, qui, venu de l'Atlantique, traversa toute la France, de l'ouest à l'est.

III

ORIGINE DES CYCLONES

Théorie de l'aspiration. — Nous ne parlerons pas des opinions qui eurent cours dans l'antiquité et jusqu'au commencement de ce siècle, sur l'origine des tempêtes et des trombes. Ces phénomènes étaient encore trop imparfaitement connus pour qu'on pût en donner l'explication.

C'est en 1841, à la suite de la découverte des principales lois des tempêtes, que fut publié, par le météorologiste américain Espy, le premier essai de théorie générale des tourbillons atmosphériques. Les idées exposées dans son ouvrage *The Philosophy of Storms*, complétées et amendées par les travaux postérieurs de Reye, Mohn, Peslin, etc..., constituèrent la fameuse *théorie de l'aspiration*, qui, adoptée par tous au début, puis vigoureusement attaquée par M. Faye, compte encore de nombreux partisans.

A l'époque où écrivait Espy, le caractère essentiel des trombes paraissait être l'aspiration puissante, exagérée encore par la superstition, qu'elles semblent exercer à leur embouchure. D'autre part, on voyait aussi la preuve d'une aspiration centrale de même nature, dans la baisse barométrique qui accompagne les grandes tempêtes. Cette opinion était confirmée par l'orientation des flèches du vent, qui, comme on l'a vu, convergent toujours plus ou moins vers le centre du tourbillon. On assimilait déjà, avec raison d'ailleurs, les trombes et les tornados aux ouragans et aux typhons, ces météores ne différant au fond que par leurs proportions.

C'est proprement aux trombes qu'Espy appliquait sa théorie, mais elle s'étend à tous les autres phénomènes atmosphériques. La voici en quelques mots :

Au contact d'un sol fortement échauffé par le soleil, la température de l'air augmente et sa densité diminue. Les couches basses deviennent ainsi plus légères que les couches plus élevées. Si l'atmosphère est calme, un équilibre instable peut s'établir. Mais qu'une cause quelconque vienne à rompre cet équilibre en un point, aussitôt une bouffée d'air s'élève, et, si cet air est humide, il pourra, grâce à la chaleur fournie par la condensation de l'air qu'il contient, monter très haut dans l'atmosphère. En montant, il laisse un vide qui sera comblé par les masses d'air environnantes qui arriveront à la même température et s'élèveront dans les mêmes conditions. Le mécanisme du phénomène sera en tout identique au tirage d'une cheminée.

Quant à la gaine de vapeur qui constitue le tube de la trombe, elle se forme au contact de l'air froid extérieur et de la colonne ascendante chargée d'humidité. Enfin, par suite de l'affluence de l'air, qui converge de toutes parts vers l'espèce d'ouverture que la première bouffée ascendante a pratiquée, la colonne prendra d'elle-même un mouvement tourbillonnaire, tel que celui qu'on voit se produire dans un vase que l'on vide par un étroit orifice.

Les contemporains d'Espy n'ajoutaient, d'ailleurs, pas beaucoup d'importance au mouvement tourbillonnaire des trombes. Pour ce qui est des grands cyclones, leur gyration, avec ses curieuses particularités, était expliquée par l'influence du mouvement de la terre. Cette influence paraît, en effet, incontestable : si elle ne crée pas les mouvements tourbillonnaires, elle doit, du moins, les orienter, en favorisant ceux qui sont d'accord avec elle et en s'opposant aux autres.

Par suite de la rotation diurne, les différents points de la surface terrestre sont animés d'une certaine vitesse qui, nulle aux pôles, est maxima à l'équateur. Considérons une masse d'air qui se déplace : si elle est sollicitée vers l'équateur, elle rencontrera des points dont la vitesse de rotation sera constamment supérieure à la sienne. Elle restera donc en retard et paraîtra ainsi déviée vers l'ouest; si elle se dirige vers le pôle, elle sera, au contraire, en vertu de sa vitesse initiale, déviée vers l'est, dans son mouvement relatif à la surface du globe. On voit facilement ainsi qu'à tout mouvement centripète rectiligne se superposera nécessairement un mouvement de rotation de droite à gauche sur l'hémisphère boréal, et de gauche à droite sur l'hémisphère austral.

Espy n'avait pas expliqué le mouvement de progression dont les cyclones sont toujours animés. M. Mohn, ayant reconnu que, dans les cyclones de l'Atlantique, les pluies sont beaucoup plus abondantes à l'avant qu'à l'arrière, y vit la cause même de la marche de ces météores. De cette condensation abondante à l'avant doit résulter, en effet, une baisse de pression maxima dans cette partie du cyclone, et, par conséquent, un déplacement du centre d'aspiration. Mais la question revient à savoir pourquoi les condensations se produiraient de préférence à l'ouest du cyclone quand celui-ci décrit la branche de sa parabole, au nord lorsqu'il arrive au sommet, et enfin au nord-est après qu'il l'a dépassé. D'ailleurs, le fait sur lequel s'appuie M. Mohn n'est pas général. On voit des dépressions barométriques et surtout des tornados marcher sans donner de pluie.

Ce n'est pas seulement lorsqu'il s'agit de rendre compte de la loi de progression des cyclones que la théorie de l'aspiration se montre insuffisante. M. Faye a fait voir, dans sa *Défense de la loi des tempêtes* (1875), et dans son ouvrage *Sur les Tempêtes* (1887), sans parler des nombreuses notices parues dans les *Comptes rendus de l'Académie,* combien elle s'accorde peu avec les lois générales de la physique et avec les observations.

En se plaçant dans les conditions que cette théorie considère comme nécessaires à la formation des trombes, comment admettre que l'air s'astreigne à venir passer constamment par une étroite ouverture qui n'a rien de matériel, pour se relever brusquement ensuite? Il est naturel de croire que les courants d'air l'élargiront bien vite et feront bientôt disparaître la colonne resserrée qui est la condition indispensable d'un mouvement ascendant énergique.

Comment expliquer par une simple aspiration due à des différences de densité qui ne sauraient jamais être considérables, le mouvement tourbillonnaire d'une violence souvent terrible que l'on a reconnu d'une façon indiscutable chez les trombes?

Enfin, la théorie de l'aspiration, en plaçant l'origine des tornados et des trombes au niveau du sol, se montre en contradiction avec tous les faits d'observation.

Comme cela a eu lieu pour le tornado de Lawrence cité plus haut, on voit toujours le météore descendre des hautes régions de l'air. Ce n'est pas une apparence due à l'absence de nébulosité sur la partie inférieure, car, tant que la pointe du tornado n'a pas atteint le sol, on ne constate aucune action dévastatrice, et, quand elle se relève, les dégâts cessent.

C'est donc, non pas près du sol, mais dans des régions plus élevées de l'atmosphère qu'il faut chercher l'origine et l'explication des trombes, des tornados et des tempêtes. Mais avant d'exposer la théorie mécanique que la plupart des météorologistes français ont adoptée de nos jours, du moins dans ses grandes lignes, il convient de rapporter et de discuter certaines observations et certaines expériences qui ont été invoquées en faveur de l'ancienne théorie.

Si, comme le croyait Espy, les tornados sont dus à des colonnes ascendantes d'air chaud, il paraît relativement facile de les produire artificiellement et, par suite, de faire tomber à volonté la pluie qui les accompagne généralement. Espy en admettait la possibilité. Il avait même proposé de réaliser l'expérience, pourvu que le Congrès voulût bien en supporter les frais. Cette expérience n'eut pas lieu, mais elle fut réalisée bien involontairement plus tard, en 1871, lors du terrible incendie qui brûla entièrement Chicago. La pluie tomba, en effet, mais seulement le quatrième jour, et les conditions atmosphériques initiales qu'exige la doctrine de l'aspiration ne se trouvaient nullement remplies.

Mais voici le récit d'un orage qu'on serait parvenu à constituer de toutes pièces d'une façon analogue. Il est tiré d'une lettre de M. G. Mackay, qui exécutait, vers 1855, des opérations géodésiques en Floride :

« ..... Nous étions alors aux confins d'une prairie encore plus difficile que toutes celles que nous avions jusqu'alors rencontrées. Mon assistant, le capitaine Alexandre Mackay, qui se tenait près de moi, me dit qu'il avait remarqué, dans nos derniers incendies, qu'un nuage s'était formé au sommet de la colonne de fumée ; il ajoutait que cela lui avait rappelé plus d'une fois les comptes rendus qu'il avait lus de la théorie du professeur Espy. Il pensait que nous ne rencontrerions jamais de meilleure occasion de mettre cette théorie à l'épreuve ; et comme il était de caractère gai, il ajoutait qu'il aimerait à en profiter pour étonner les nègres superstitieux, en leur faisant croire qu'il avait le pouvoir d'assembler les nuages et de faire tomber la pluie. Nous nous décidâmes à en faire l'expérience.

« Lorsque nos compagnons furent tous réunis à la place choisie pour faire halte, des plaintes sur l'excessive chaleur s'élevèrent à la ronde, et tous déclarèrent, à l'unanimité, qu'ils n'avaient jamais rencontré une journée plus lourde et plus expressive. A ces plaintes succédèrent des vœux ardents pour une petite brise ou quelques gouttes de pluie. « Taillez- « moi une route à travers cette prairie », s'écria le capitaine, « et je vous procurerai plus que quelques gouttes de pluie. « Je vous donnerai une véritable averse, et avec cela une « brise qui saura bien vous ranimer. Allons, enfants, fauchez « cette prairie, et quand vous aurez fini, vous aurez un bain « frais qui vous viendra du ciel. » Les nègres regardèrent avec surprise tout autour d'eux : il n'y avait pas au ciel un nuage aussi grand que la main d'un homme. Alors, rabaissant leur regard vers le capitaine avec une légère grimace d'incrédulité, ils se mirent à rire : « Ho ! ho ! ha ! ha ! le capi-

« taine faire des nuages avec rien, hi! hi! le capitaine ame-
« ner de l'eau à cette distance de la mer; ha! ha! hi! hi! »
Là-dessus, le capitaine affectait d'être indigné d'une telle
incrédulité. Pour hâter son triomphe, je fis mettre le feu à
l'amas de gazon desséché. La flamme s'élança bien vite par-
dessus les arbres les plus hauts; un dense volume de fumée
s'éleva en spirales; bientôt le gazon disparut, nous pûmes
passer à travers. Lorsque le cyclone de fumée cessa de s'éle-
ver, un nuage commença à se former. Le capitaine traça un
large cercle sur le sable autour de lui, se plaça lui-même au
centre, dessinant des gestes fantastiques avec sa baguette,
accompagnés de quelques mots français en guise de phrases
cabalistiques. Le nuage n'avait pas encore été remarqué.
Tous les yeux étaient rivés sur le capitaine, qui regardait la
terre et y dessinait des contours diaboliques. A ce moment
vint un roulement de tonnerre éloigné : tous les regards se
tournèrent instantanément en haut. Un nuage s'étendait sur
le ciel; le tonnerre augmentait, les éclairs brillaient de plus en
plus vivement; les genoux des nègres s'entrechoquaient de
frayeur. Déjà la pluie tombait par torrents... »

Ce coup de tonnerre éloigné venait, selon toute vraisem-
blance, d'un orage encore éloigné lui-même, arrivant à l'im-
proviste. Encore un temps chaud et lourd comme celui que
dépeint l'auteur est-il le présage ordinaire des tornados et
des orages.

M. Reye s'est attaché, dans son livre *Die Wirbelsturme*, etc.,
à rassembler un grand nombre de récits concernant des
trombes de fumée et des nuages produits par les incendies,
mais aucun n'apporte une preuve bien nette, du moins relativement à la formation des véritables tourbillons.

Tout récemment, la question fut de nouveau agitée aux
États-Unis. De vastes territoires, dans les provinces de
l'Ouest, manquaient d'eau. On songea à mettre en pratique
l'idée d'Espy, mais il fallut bien en reconnaître l'inanité. On
s'adressa alors à d'autres procédés; dans l'espoir de rompre
l'équilibre des couches supérieures de l'air, on fit éclater à
une grande hauteur des ballons chargés de dynamite. Quelques expériences de ce genre parurent réussir, mais des
esprits sceptiques firent remarquer qu'il était fâcheux qu'elles
eussent été précisément exécutées pendant la saison des pluies.

Théorie mécanique des cyclones.—M. Faye,
reprenant en les complétant des idées qui se trouvaient en
germe dans les travaux de météorologistes de l'Observatoire
de Paris, publia en 1875 une théorie nouvelle de la formation
des cyclones, qui rattache ces phénomènes à la circulation
générale de l'atmosphère.

A l'inverse d'Espy, M. Faye s'applique d'abord à rendre
compte des grands cyclones qui, nés près de l'équateur,
décrivent d'immenses paraboles en marchant vers les régions
tempérées.

Il étudie ensuite la formation des tornados et des trombes,
qui doivent être considérés, nous l'avons vu, comme des phénomènes satellites.

Les cyclones, d'une façon générale, ne sont autre chose
pour lui que des tourbillons qui prennent naissance, par suite
de différences de vitesse, dans les courants aériens de l'atmosphère. Ces tourbillons participent au mouvement général
du courant, si bien que leur trace sur la surface terrestre
n'est que la projection horizontale du fleuve aérien qui les a
produits et qui les entraîne avec lui.

Voyons comment naissent ces courants atmosphériques
générateurs de cyclones. L'air, surchauffé à l'équateur, se
déverse vers les pôles. En raison de l'inégale répartition des
continents et des mers, ce déversement ne s'effectue pas en
nappe continue, mais constitue des courants distincts les uns
des autres. Prenons donc un de ces courants à l'origine, sous
l'équateur.

« Les masses d'air que la chaleur solaire a fait monter
avec leurs cirrus dans une couche supérieure y arrivent avec
une vitesse moindre de l'ouest à l'est. Elles doivent donc
rester un peu en retard sur la rotation des parallèles qu'elles
traversent, et leur mouvement résultant sera pour nous dirigé
vers l'ouest avec une composante vers le pôle qui se retrou-
vera partout, parce qu'elle est due à la hauteur de chute. Le
même courant, chargé ordinairement de cirrus, arrivera
bientôt dans une couche de même rotation. Alors le mouvement aura simplement lieu vers le pôle. Mais, en descendant
de plus en plus, pendant qu'en bas les alizés vont, en rasant
le sol, vers l'équateur, il acquiert une vitesse de rotation
constamment supérieure à celle des couches où il se meut

Il doit donc marcher à la fois vers l'est et vers le pôle. »

Les grands courants de déversement suivront ainsi précisément la route ordinaire des cyclones; l'hypothèse de M. Faye rend donc parfaitement compte de la marche de ces météores. Elle a trouvé, de plus, une confirmation dans les faits d'observation directe.

Les cirrus, nuages légers qui se tiennent à une hauteur d'environ 10 kilomètres, marquent par leur direction le cours des vents supérieurs. Or, **M.** Hildebrandsson, directeur de l'Observatoire d'Upsala, ayant étudié la marche des cirrus sur les différents points du globe, a trouvé que dans les régions tempérées la direction moyenne des courants supérieurs est de l'ouest à l'est, tandis qu'entre les tropiques elle est en général de sens inverse. Il en résulte, dit-il, ce fait remarquable, que « la direction des courants supérieurs semblent coïncider à peu près avec la trajectoire moyenne des centres de dépression barométrique ».

Telle est, dans ses grandes lignes, la théorie mécanique de la formation et de la marche des cyclones. Elle laisse un peu dans l'ombre ce qui est relatif aux tourbillons des régions tempérées. Pour combler cette lacune, il semble nécessaire d'examiner ce que deviennent, dans ces régions, les grands courants de déversement dont il a été question plus haut.

Ces courants ne restent pas confinés dans les hautes régions de l'atmosphère; ils ne tardent pas à entraîner les couches basses de l'air au-dessous d'eux et coulent dès lors au contact de la surface terrestre. De Tastes (*Annales du Bureau central météorologique*, 1879) admet qu'ils décrivent une orbe fermée qui les ramène à l'équateur sous la forme des vents alizés.

Considérons en particulier ce qui se passe, d'après le même auteur, sur le bassin de l'Atlantique. On y rencontre un courant de déversement qui, après avoir décrit un arc parabolique le long des côtes d'Amérique, traverse l'Océan et aborde les côtes occidentales d'Europe. Il continue ensuite sa marche vers le nord-est sur ce continent, où il condense, sous forme de pluies ou de neige, les vapeurs dont il est saturé; puis il se recourbe vers le sud, à travers l'Europe orientale, où il apparaît comme un vent sec et froid. A mesure qu'il se rapproche de l'équateur, il se réchauffe, et, devenu vent du nord-est dans l'Afrique tropicale, contribue à la stérilité des déserts qu'il traverse. Il reparaît enfin sur la côte occidentale d'Afrique, complétant ainsi son vaste circuit.

Dans ce courant aérien prennent naissance de fréquents tourbillons et cela non seulement à l'origine, près de l'équateur, mais aussi tout le long de la trajectoire. C'est ainsi qu'on voit souvent, surtout pendant l'hiver, apparaître en Europe des tempêtes qui se sont formées sur l'Atlantique. Les reliefs continentaux, en s'opposant au courant, y font également naître des mouvements tourbillonnaires, d'importance sans doute secondaire, mais intéressants au point de vue de la prévision du temps.

Enfin, sous l'influence de causes encore mal connues, la route que suit le courant sur notre continent subit de fréquentes variations :

La branche dirigée de l'ouest à l'est se déplace en latitude, atteignant parfois à peine les côtes septentrionales, et parfois descendant jusqu'à celles d'Espagne.

Quant à la branche de retour vers le sud, elle est sujette à des déplacements analogues en longitude.

Il en résulte, pour les tourbillons européens, des trajectoires fort variées, dirigées en moyenne de l'ouest-sud-ouest à l'est-nord-est, mais présentant parfois un écart de 90° sur cette direction.

IV

LES VENTS CYCLONIQUES SONT-ILS ASCENDANTS OU DESCENDANTS ?

M. Faye, assimilant en tous points les cyclones aux tourbillons des cours d'eau, admet que tout s'y passe comme dans ceux-ci.

On sait que, dans les rivières, principalement aux endroits où quelque obstacle trouble la régularité du cours, on voit fréquemment naître de petits tourbillons où l'eau se creuse en forme d'entonnoir. Si l'on suit des yeux les débris flottants qui viennent à y être entraînés, on constate que ces objets descendent en tournant le long de la paroi de l'entonnoir, avec une vitesse croissant à mesure que les spires décrites se rétrécissent. Ils s'enfoncent ensuite sous l'eau, pour ne reparaître qu'à une certaine distance du tourbillon.

Une observation plus complète montre que le mouvement tourbillonnaire n'existe que dans une zone de faible épaisseur autour de l'entonnoir. Au delà, l'eau ne participe qu'au mouvement général du courant.

En somme, dans ces tourbillons, le mouvement est descendant : la gyration, née en haut, se transmet vers le bas en paraissant s'enfoncer dans les couches fluides à la façon d'une vrille. Il en serait de même, d'après M. Faye, pour les cyclones. L'air y décrirait des spires descendantes qui l'amèneraient des hautes régions, où le mouvement gyratoire a pris naissance, jusqu'au niveau du sol. Là, il s'échapperait tumultueusement, pour remonter tout autour, sans donner lieu, d'ailleurs, à des courants définis.

Il va sans dire que, dans ces tourbillons formés au sein de l'atmosphère, il n'y aura pas de surface libre en forme d'entonnoir, comme pour les liquides. La dépression centrale produite par la force centrifuge sera immédiatement comblée par de l'air venu des régions plus élevées de l'atmosphère.

Dans le cas des trombes, la pointe de l'entonnoir tourbillonnaire pourra cependant être rendue visible par la condensation de la vapeur. Dans les grands cyclones, elle échappera à la vue, à cause de ses dimensions considérables.

Il est curieux de constater que l'idée d'un mouvement descendant de l'air dans les tempêtes tournantes se trouve déjà exposée avec beaucoup de netteté, dans un petit ouvrage de François Bacon, intitulé *Histoire des vents, où il est traité de leurs causes et de leurs effets*, et traduit en français par Baudouin en 1649. On y lit (page 93) :

« Toutes les tempestes, tous les tourbillons et les grands typhons ont leur mouvement penchant au précipice, ou se dardent en bas, avec plus d'impétuosité que les autres vents; de telle sorte qu'à la façon des torrens, ils semblent tomber, et s'escouler comme par canaux, puis estre reverberez par la terre. »

L'hypothèse du mouvement descendant est sujette à de graves objections théoriques et paraît en désaccord avec les aits d'observation.

D'abord, y a-t-il une identité mécanique réelle entre les tourbillons des cours d'eau et les cyclones? On peut en douter. Dans les premiers, le phénomène est renversé, le courant générateur étant en bas et non en haut par rapport à nous.

Pour que les conditions soient les mêmes, il faudrait se placer au fond de la rivière, au-dessous du tourbillon. Or il ne semble pas qu'on y rencontrerait un mouvement descendant, mais bien un mouvement ascendant, symétrique du premier par rapport à la couche où le courant est le plus rapide, car c'est là que paraît résider le centre du mouvement tourbillonnaire.

D'autre part, le milieu n'est pas le même : l'eau est un fluide qu'on peut regarder comme incompressible et homogène; l'air, au contraire, est très compressible; sa densité absolue varie très rapidement à partir du sol, où elle est maxima, jusqu'aux limites de l'atmosphère où elle est nulle. Rien ne permet de supposer que, dans deux milieux si différents, les phénomènes tourbillonnaires sont de même nature.

Enfin il est nécessaire de remarquer que la transmission des gyrations et le mouvement vertical de l'air sont deux choses absolument indépendantes, et peuvent s'effectuer en sens contraire.

Si l'on produit une brusque aspiration à l'extrémité d'un tuyau, la dilatation qui en résulte se propage jusqu'à l'autre extrémité dans une direction diamétralement opposée à celle que prennent les tranches d'air successivement déplacées.

De même, dans les cyclones, la transmission du mouvement tourbillonnaire vers le bas peut coïncider avec un mouvement ascendant de l'air.

MM. Teisserenc de Bort et Lasne, à qui l'on doit des études importantes sur la mécanique des cyclones, croient, à l'inverse de M. Faye, que le mouvement de l'air est ascendant dans ces météores.

Sans entrer dans le détail de cette théorie, disons que, d'après M. Teisserenc de Bort, les tourbillons qui naissent dans les courants supérieurs ont sur les couches plus basses le double effet suivant :

1° Ils leur communiquent de proche en proche, par frottement, un mouvement gyratoire ;

2⁰ Ils agissent à la façon d'un ventilateur en produisant au-dessous d'eux un appel d'air.

La combinaison de ces deux actions donnera donc naissance à un mouvement tourbillonnaire ascendant.

D'autre part, à mesure qu'on s'écarte de la zone génératrice, la vitesse angulaire transmise par frottement diminue, tandis que la différence de pression entre le centre du tourbillon et le fluide extérieur reste à peu près constante.

A la base, il y aura donc des vents convergents, parce que la force centrifuge développée par la rotation sera inférieure à la force centripète qui résulte de la raréfaction centrale. Plus haut, ces deux actions s'équilibreront, et les vents seront circulaires. Plus haut encore, ils deviendront divergents.

Des recherches de M. Hildebrandsson, il résulte effectivement que, dans les cyclones, les vents se montrent divergents à l'altitude des cirrus. Plus bas, entre 2,000 et 3,000 mètres, les nuages accusent un mouvement sensiblement circulaire. Enfin, près du sol, les vents sont toujours plus ou moins convergents, comme nous l'avons déjà vu.

Il convient d'ajouter que certaines parties des cyclones peuvent être, par exception, le siège d'un mouvement descendant.

C'est ainsi que, suivant M. Teisserenc de Bort, il y aurait descente de l'air à l'arrière de tout tourbillon aérien qui se déplace.

De plus, M. Lasne a montré par l'analyse qu'il pouvait se produire, en même temps, un courant descendant au voisinage de l'axe.

C'est à un semblable courant que M. Faye attribue le phénomène connu sous le nom d'*œil de la tempête*. On voit ainsi que ce phénomène, qu'on avait opposé à la théorie du mouvement ascendant, y reçoit tout aussi bien son explication que dans la théorie opposée.

Nous allons, au reste, trouver l'illustration et la vérification des vues théoriques précédentes dans des expériences remarquables, dues à M. Weyher.

V

EXPÉRIENCES DE M. WEYHER

On s'est proposé, à diverses reprises, de produire artificiellement des tourbillons, soit pour étudier par l'expérience les caractères généraux de ces phénomènes, soit pour imiter spécialement les trombes et les cyclones et surprendre ainsi les lois de leur formation et de leur constitution.

Mais la plupart de ces expériences sont relatives aux liquides; elles prêtent par suite à l'objection que nous avons déjà signalée ; de plus, les parois du vase où se trouve nécessairement enfermé le liquide introduisent un élément étranger qu'il est impossible d'éliminer complètement.

Nous nous dispenserons donc de parler des expériences de Saulmon, Xavier de Maistre, Œrstedt, Lalluyeaux d'Ormay, Hirn, Andries, et de celles, plus récentes, de M. Colladon.

Nous nous bornerons à décrire les expériences principales de M. Weyher qui est parvenu à reproduire les trombes à l'air libre, avec une grande perfection.

Le mouvement tourbillonnaire est produit par un cylindre creux en tôle d'acier, de 1 mètre de diamètre sur 30 centimètres de hauteur, portant 10 palettes à l'intérieur, et tournant autour d'un axe vertical. A 3 mètres au-dessous se trouve un bassin plein d'eau qu'on peut chauffer.

Si on imprime au cylindre une vitesse de 400 à 500 tours par minute, on voit se produire sur l'eau un cône de 20 centimètres à la base et de 10 centimètres de haut. Ce cône est surmonté d'un autre cône renversé, formé de gouttes qui retombent. L'ensemble rappelle le *buisson* qu'on observe sur la mer au pied des trombes.

En chauffant l'eau, il se forme un tube de vapeur d'une netteté absolue, à l'intérieur duquel on voit un noyau plus raréfié et tranchant en gris noir sur la gaine qui l'enveloppe.

Cette expérience est faite en plein air. Mais, à l'air libre, les trombes ont toujours un balancement et des ondulations dus aux courants d'air et aux remous qui en résultent. Il est préférable de les produire dans une enceinte fermée, où elles soient garanties de ces causes perturbatrices.

L'appareil qui a été présenté à la Société physique, dans la séance du 15 février 1889, consistait en une caisse à base carrée (figure 4) dont une des parois était vitrée. Elle avait 1 mètre de côté et 1^m,20 de hauteur. Elle était ouverte par le haut et portait une traverse où était fixé un tourniquet,

Fig. 4.

d'environ 0^m,15 de diamètre. Ce tourniquet se trouvait à 1^m,50 du fond de la caisse, qui formait cuvette.

La trombe qui prenait naissance enlevait les objets à la surface de l'eau. Elle était donc ascendante. Mais dans la partie centrale, à l'intérieur du tube tourbillonnaire, on pouvait montrer l'existence d'un mouvement descendant :

En refroidissant l'eau de manière qu'elle n'émette presque pas de vapeur, on rendait le fuseau presque invisible. Si on approchait alors un fumeron du fuseau, à une hauteur quelconque, la fumée s'emmanchait dans la trombe; une partie montait vers le tourniquet, mais une autre partie descendait en sens contraire à l'intérieur; elle formait un cône pointu, qui souvent oscillait verticalement. Plus récemment encore, M. Weyher est parvenu à produire des tourbillons ascendants analogues, au moyen d'une large buse donnant un courant d'air en nappe, et par suite des différences de vitesse qui y prenaient naissance, comme dans les courants naturels.

En somme, ces diverses expériences, dont on trouvera le détail dans le livre de M. Weyher : *Sur les tourbillons, trombes, tempêtes et sphères tournantes*, donnent lieu d'admettre, conformément à la théorie précédemment exposée, que les tourbillons de l'atmosphère, nés dans les courants supérieurs, se transmettent jusqu'au sol et s'alimentent par un mouvement ascendant de l'air inférieur.

VI

APPLICATIONS

Règles pour la navigation. — Les lois des cyclones ont reçu deux importantes applications : l'une est relative à la navigation, et l'autre à la prévision du temps.

La première préoccupation des navigateurs qui parvinrent à la connaissance de ces lois fut d'établir des règles pratiques pour échapper aux tempêtes, ou tout au moins s'écarter de la zone la plus dangereuse.

C'est ce que fit Reid dès 1838 et après lui Piddington et Bridet. Ce dernier consacre même un chapitre de son *Etude sur les ouragans* à *la manière d'utiliser les cyclones pour se rendre à sa destination*.

Voyons, en premier lieu, quels sont pour le marin les signes précurseurs des cyclones. « Ils sont partout les mêmes », dit M. Faye :

« 3 jours d'avance, les *cirrus*.

« 2 jours d'avance, des lames soulevées au loin par l'ouragan.

« 1 jour d'avance, baisse lente du baromètre. »

Les *cirrus* ne se montrent guère, sous les tropiques, pendant la belle saison.

Leur apparition annonce, presque à coup sur, une perturbation. D'abord ténus, ils s'étendent bientôt en voile, deviennent de plus en plus épais, et se transforment en nuages pommelés.

En même temps, la mer grossit ; une houle s'élève qui, par sa direction, donne déjà une indication sur le point de l'horizon d'où viendront les premières rafales.

Enfin le baromètre, par un mouvement inaccoutumé, fournit un signe infaillible de la proximité d'un cyclone, et permet souvent de prévoir quelle en sera la violence. La hauteur barométrique est en effet habituellement, sous les tropiques, d'une fixité presque absolue. Elle est seulement affectée d'une variation diurne très régulière, de l'ordre du millimètre. La baisse qui se manifeste à l'approche d'un cyclone est d'abord lente ; elle s'accélère ensuite rapidement, et peut atteindre plusieurs centimètres. Le minimum barométrique se produit, comme on l'a vu déjà, au centre même de la tempête.

L'importance de la baisse est en rapport avec l'intensité du météore. De plus, on peut, d'après Bridet, avoir une idée du diamètre et de la durée de l'ouragan en observant le nombre d'heures que le baromètre met à baisser de 5 à 6 millimètres au-dessous de sa hauteur initiale. C'est presque exactement au bout du même nombre d'heures que l'on se trouvera au centre de l'ouragan.

Mais le navigateur, quand il le pourra, aura toujours soin d'éviter ce centre, autour duquel le vent atteint, comme on sait, sa plus grande violence.

Dès que le vent a pris de la force, une règle simple, due à Piddington, permet de connaître dans quelle direction est le danger.

On fait face au vent, et on étend la main droite si l'on est dans l'hémisphère N., la main gauche si l'on est dans l'hémisphère S., le centre est dans la direction de la main tendue.

Prévision du temps. — Les mauvais temps sont toujours dus, dans nos pays, à des mouvements cycloniques de l'atmosphère.

Ces tourbillons présentent les mêmes caractères généraux et sont régis par les mêmes lois que les cyclones tropicaux, mais leur circulation est moins nette, leur translation moins régulière; ils sont moins stables et paraissent plus affectés par les conditions locales.

On a cru un moment qu'ils n'étaient tous que des cyclones tropicaux parvenus à la dernière étape de leur trajet transatlantique et à la dernière phase de leur évolution. D'où résultait la possibilité de les annoncer à l'avance, en observant, à leur passage en Amérique, leur direction et leur vitesse.

C'est ce que tenta de réaliser M. Bennett, directeur du *New-York Herald*. Mais l'expérience montra que sur dix tempêtes qui quittent l'Amérique en se dirigeant vers l'Europe, trois à peine atteignent ce continent, du moins sous la forme de bourrasques véritables. Les autres s'affaiblissent ou s'éteignent en route.

Si l'on joint que, parmi les tempêtes d'Europe, beaucoup naissent en plein Océan ou viennent des régions arctiques, on reconnaîtra que ce mode de prévision est insuffisant, sinon illusoire.

La prévision du temps est fondée actuellement, dans les divers pays d'Europe, sur l'emploi des cartes simultanées que construisent chaque jour les bureaux météorologiques.

En France, ce service, créé par Leverrier en 1855, reçoit chaque matin, par dépêche, les observations faites vers huit heures dans un certain nombre de stations disséminées sur toute l'Europe. Ces observations servent à construire des cartes indiquant la répartition de la pression barométrique, du vent et de la température. Elles sont publiées avec ces cartes et les prévisions qui en résultent dans le *Bulletin international quotidien*, qui paraît dans l'après-midi.

Des avertissements télégraphiques sont en même temps envoyés aux ports et dans les campagnes. En 1893, sur les 36,000 communes de France, 320 recevaient ces prévisions. Dans certaines villes possédant un observatoire, Clermont-Ferrand par exemple, elles sont modifiées et complétées au moyen des observations locales.

Cartes du temps. — Les cartes du *Bulletin inter-national* sont affichées à la porte d'un grand nombre d'édifices publics et sont reproduites par quelques journaux. Malheureusement, beaucoup de personnes, même parmi celles qui, en raison de leur profession, y trouveraient le plus de profit, ne connaissent pas l'usage de ces cartes ou ne savent pas les lire. Il n'est donc peut-être pas inutile d'entrer à ce sujet dans quelques détails.

La carte qui figure sur la page gauche du Bulletin est la plus importante; elle indique quelle était vers 8 heures du matin la distribution des pressions à la surface de l'Europe.

Les lignes noires qui y sont tracées en trait continu et qui portent respectivement les indications 750, 755, 760, etc... sont des lignes d'égale pression ou *isobares* : en tous les points où passe la première, par exemple, le baromètre était à 750ᵐᵐ; le long de la seconde, il était à 755ᵐᵐ et ainsi de suite

Ce sont des courbes analogues aux courbes de niveau que l'on emploie en topographie; comme ces dernières, elles peignent aux yeux, mieux que des chiffres, la façon dont l'élément considéré varie d'un lieu à l'autre.

Nous savons déjà qu'à l'intérieur d'un cyclone les isobares prennent une forme circulaire, ou plus fréquemment ovale, et se disposent d'une façon à peu près concentrique autour d'un point central, où la pression est la plus basse.

On peut dire que tout ovale fermé circonscrivant une aire où la pression est plus faible qu'à l'extérieur caractérise l'existence, sur cette région, d'un mouvement cyclonique qui peut, au reste, être limité aux courants supérieurs et ne pas affecter les couches basses de l'air.

Il est bon de remarquer que, faute de stations en pleine mer, on est dans la nécessité d'arrêter le tracé des isobares au voisinage des côtes. Par suite, les isobares ovales relatives à un cyclone encore éloigné sur l'Océan ne seront pas visibles dans leur totalité et ne paraîtront pas fermées.

Ainsi, à l'approche d'un cyclone, les isobares prendront d'abord la forme d'arcs concentriques tournant leur concavité vers le point d'où vient le tourbillon.

Mais on ne peut pas toujours affirmer, à la vue d'une

pareille disposition des isobares, qu'une tempête s'avance réellement vers les côtes.

En effet, le grand courant de déversement par lequel s'effectue la circulation régulière sur l'Atlantique donne naissance, lui aussi, même quand il a un cours tranquille, à une aire de basses pressions.

Ordinairement, les isobares marquent en quelque sorte le lit de ce fleuve-aérien en se disposant sur son parcours en lignes parallèles à peu près droites. Mais elles peuvent aussi affecter une forme un peu arrondie et faire croire à la proximité d'un centre cyclonique.

Il faut se garder de cette confusion qui a entaché d'erreur plus d'une recherche, notamment sur la question de la vitesse de propagation des bourrasques.

Le vent est en général d'autant plus fort autour d'une dépression cyclonique que la pression varie plus rapidement à partir du centre vers le bord du tourbillon.

Un cyclone sera donc d'autant plus violent que les isobares seront plus rapprochées les unes des autres.

Sur les cartes des pressions, le vent est indiqué, pour chaque station, par une petite flèche *allant dans le même sens que lui*. Chaque flèche porte un nombre de pennes proportionné à la force du vent.

Différents signes faciles à reconnaître signalent de plus l'état du ciel, la pluie, etc... Enfin des traits pointillés joignent les points où la pression a varié d'un même nombre de millimètres depuis la veille.

Quant à la seconde carte du Bulletin, moins intéressante au point de vue pratique que la première, elle représente, d'après la même méthode, la distribution des températures.

Nous terminerons par l'exposé sommaire des principes théoriques d'après lesquels sont rédigées les prévisions relatives aux différentes régions en renvoyant le lecteur désireux de plus de détails au *Traité pratique de prévision du temps*, de M. Plumandon.

On peut diviser pratiquement une dépression en huit secteurs où le vent est respectivement : nord, nord-ouest, ouest, sud-ouest, sud, sud-est, est et nord-est.

Chacun de ces vents apporte avec lui le caractère particulier qu'il tient, dans nos pays, de son origine, marine ou continentale, ou encore de certaines influences locales.

Dans les secteurs 1, 2, 7, 8, le temps sera froid en hiver, frais en été; dans les autres, il sera tiède en hiver, chaud en été.

Le vent sera généralement plus fort dans les secteurs 3, 4 et 5, parce que, les dépressions marchant en moyenne de l'ouest-sud-ouest à l'est-nord-est; ces secteurs représentent le *bord dangereux*.

Le ciel sera peu nuageux ou clair dans les secteurs 1, 6, 7, 8, couvert ou faiblement pluvieux dans les secteurs 4 et 5, pluvieux dans le secteur 3, à averses ou giboulées dans le secteur 2.

Ces phénomènes sont d'ailleurs subordonnés, pour leur intensité, à l'importance de la dépression, à la distance du centre et à la saison.

Leur succession dans un même lieu est réglée par la marche du météore, que l'on conjecture d'après son point d'apparition et d'après la direction et la vitesse qu'il a manifestées depuis la veille.

Prévisions locales. — A défaut de cartes synoptiques, on peut établir des prévisions locales très satisfaisantes en observant le baromètre et la direction du vent, et en interprétant ces observations d'après les lois générales des cyclones.

Toutes les fois que cela est possible, c'est dans la marche des nuages qu'il faut lire la direction du vent. Le vent inférieur, donné par les girouettes, est en effet soumis à l'influence complexe des reliefs du sol, qui en altèrent la direction et en troublent la régularité.

Quant au baromètre, ce n'est pas tant sa hauteur absolue que ses variations qu'il importe de considérer. Il convient donc dé donner la préférence aux baromètres enregistreurs, dans lesquels la pression s'inscrit d'elle-même sur une bande de papier que l'on change toutes les semaines. Ces instruments se trouvent actuellement dans le commerce à un prix relativement peu élevé.

Une baisse notable et continue du baromètre marque toujours l'approche d'une aire cyclonique; l'observation simultanée du vent indique dans quelle direction elle se trouve par rapport au lieu où l'on se trouve. Il suffit, à cet effet, d'appliquer la règle dite de Buys-Ballot, qui n'est autre, en somme, que celle de Piddington, légèrement modifiée en raison de la déviation ordinaire des vents inférieurs sous nos latitudes : *On tourne le dos au vent, et on étend le bras gauche un peu en avant : le centre de l'aire cyclonique est dans la direction ainsi déterminée.*

En Europe, la plupart des dépressions importantes passent entre l'Islande et l'Ecosse, ou à travers les Iles-Britanniques, avec une direction variant du sud-ouest à l'ouest-sud-ouest.

Ces dépressions sont signalées en France, à leur origine, par des vents du sud-ouest ou du sud, coïncidant avec une baisse commençante du baromètre. A mesure qu'elles avancent sur leur trajectoire, le vent tourne vers l'ouest en prenant de la force, le baromètre continuant à descendre. Une fois que le vent est parvenu à l'ouest, le baromètre commence à remonter. C'est alors que la pluie se met généralement à tomber, si bien qu'on peut dire que *la baisse barométrique présage le mauvais temps et que la hausse barométrique l'accompagne.* Le vent tourne ensuite vers le nord-ouest et le nord, tandis que la dépression s'éloigne vers les côtes septentrionales de la Norwège.

Il arrive assez souvent que, le vent ayant tourné du sud à l'ouest, on le voit brusquement rétrograder vers le sud-ouest ou même le sud, au lieu de continuer sa rotation régulière. C'est l'annonce d'une nouvelle bourrasque qui suit la première, ou bien d'une dépression satellite qui l'accompagne : une violente tempête est alors à craindre.

Dans le cas, assez rare, où un centre de dépression important traverse la France, on observe la saute de vent caractéristique de ce passage, et les phénomènes présentent alors leur intensité maxima.

Quand le vent passe ainsi brusquement du sud-est au nord-ouest sous l'influence d'une dépression venant du sud-ouest, il se produit en général des pluies abondantes en même temps qu'un refroidissement brusque et considérable de la température.

Les dépressions qui, venues des régions arctiques, traversent l'Europe du nord au sud, sont signalées par une baisse barométrique avec un vent d'ouest froid, suivi de vents des régions nord plus froids encore, et donnent des giboulées ou de la neige.

Enfin certaines aires de basses pressions, venues de la région de Madère, passent au sud de la France en suivant la Méditerranée.

En été, elles donnent lieu à un temps chaud et un peu orageux. En hiver, elles occasionnent généralement des chutes de neige abondantes dans le sud de la France.

Routes cycloniques et caractères généraux des saisons. — Les aires cycloniques manifestent souvent, dans le cours d'une saison, une tendance à suivre une certaine trajectoire de préférence à toute autre.

Les vents affectent alors, dans les pays soumis à leur influence, certaines directions dominantes, faisant ainsi régner presque constamment soit la sécheresse, soit la pluie, soit encore la chaleur ou le froid.

C'est toujours à un phénomène de ce genre que l'on doit les étés et les hivers anormaux, et l'on peut, à la seule inspection des cartes isobares relatives à une de ces saisons, dire quels en ont été, dans chaque contrée, les caractères généraux.

S'il passe fréquemment, pendant l'hiver, des dépressions sur les Iles-Britanniques, nous aurons en France des vents de la région ouest, apportant avec eux un temps doux et humide. C'est ce qui eut lieu, notamment, pendant l'hiver 1876-1877 qui fut remarquablement chaud et pluvieux.

La même cause produira, en été, un effet contraire sur la température, les vents marins étant, dans cette saison, plus froids que les autres vents. Dans les circonstances qui viennent d'être indiquées, l'été sera donc humide et froid.

Inversement, si la trajectoire des dépressions séjourne sur la Méditerranée, les vents des régions est prédomineront dans notre pays, chauds et orageux en été, froids et neigeux en hiver.

Ce fait s'est présenté en décembre 1874 et surtout à la fin de l'hiver 1894-1895, qui fut marquée par des froids que l'intensité du vent rendait particulièrement pénibles, et par des chutes de neige exceptionnellement abondantes dans tout le Midi.

Enfin il arrive que le courant océanien générateur de cyclones subit un déplacement vers le nord et s'éloigne des côtes d'Europe. On voit alors s'établir sur notre continent une aire de fortes pressions. Il en résulte des vents faibles ou modérés, un ciel pur en été, un peu brumeux en hiver, en toutes saisons un temps beau et sec.

C'est dans ces conditions que se produisent généralement les chaleurs fortes et continues en été, et les froids rigoureux et prolongés en hiver.

Le printemps de l'année 1893 a offert l'exemple le plus remarquable de ce régime atmosphérique.

TABLE DES MATIÈRES

ceaux. — Imp. Charaire et Cie.